BEI GRIN MACHT SICH IHR WISSEN BEZAHLT

- Wir veröffentlichen Ihre Hausarbeit, Bachelor- und Masterarbeit

- Ihr eigenes eBook und Buch - weltweit in allen wichtigen Shops

- Verdienen Sie an jedem Verkauf

Jetzt bei www.GRIN.com hochladen und kostenlos publizieren

Wiebke Gelder

Schwangerschaft und Geburt

Von der befruchteten Eizelle zum Neugeborenen

GRIN Verlag

Bibliografische Information der Deutschen Nationalbibliothek:

Die Deutsche Bibliothek verzeichnet diese Publikation in der Deutschen National-
bibliografie; detaillierte bibliografische Daten sind im Internet über http://dnb.d-
nb.de/ abrufbar.

Impressum:

Copyright © 2006 GRIN Verlag GmbH
Druck und Bindung: Books on Demand GmbH, Norderstedt Germany
ISBN: 978-3-640-39790-7

Dieses Buch bei GRIN:

http://www.grin.com/de/e-book/132986/schwangerschaft-und-geburt

Abgabetermin:
3. Februar 2006

Hausarbeit zum Thema

„Schwangerschaft und Geburt – von der befruchteten Eizelle zum Neugeborenen"

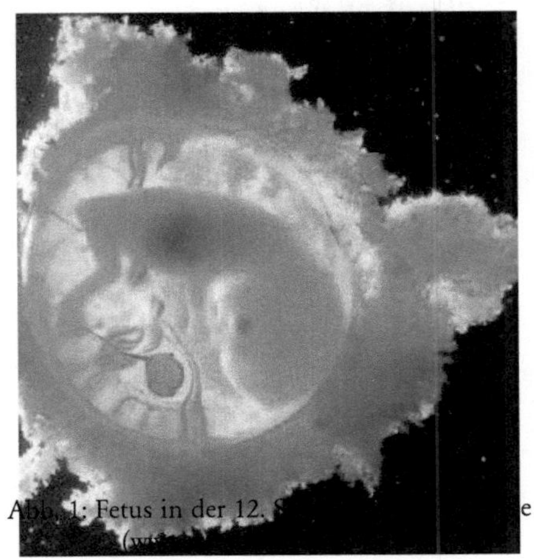

Abb. 1: Fetus in der 12. S[...]e
(wi[...]

Vorgelegt von:
Wiebke Timmer

„Es gibt Wunder, die müssen im Dunkeln geschehen."
- Professor Doktor Abdul Nachtigaller
Aus „Rumo & Die Wunder im Dunkeln" von Walter Moers, Piper Verlag

Inhaltsverzeichnis

Schwangerschaft und Geburt – von der befruchteten Eizelle zum Neugeborenen

Einleitung

Der faszinierende Weg zu einem neuen Menschen beginnt mit der Verschmelzung einer Ei- und einer Samenzelle. Bereits in der sechsten Woche nach der Befruchtung ist das Rückenmark des Embryos deutlich zu sehen (siehe Abb. 2). In der siebten Woche kann man Augen und Nase sowie die Gesichtsanlage erkennen. Finger und Zehen werden in der achten Woche nach der Befruchtung sichtbar. Ein 11 Wochen alter Embryo ist etwa fünf Zentimeter lang und wiegt ungefähr 20 Gramm – so viel wie ein normaler Brief. Mit Beginn des dritten Monats lassen sich im Ultraschallbild die Geschlechtsorgane erkennen. Nach dem dritten Schwangerschaftsmonat wird das Ungeborene nicht mehr als Embryo, sondern als Fetus bezeichnet. Alle inneren Organe sind bereits vorhanden. Es beginnt nun die Zeit des Wachstums und der Reifung des Fetus. Am Ende des dritten Monats ist das Ungeborene etwa neun Zentimeter lang und wiegt ca. 48 Gramm. Im vierten Schwangerschaftsmonat bemerkt die Schwangere erstmals die Bewegungen ihres Kindes. Der Fetus kann zu diesem Zeitpunkt bereits Geräusche von der Außenwelt wahrnehmen.

Wenn eine Frau feststellt, dass sie schwanger ist, ist das Ungeborene meist schon etwa 14 Tage alt. Diese Hausarbeit befasst sich unter anderem mit den Vorgängen, die in diesen zwei Wochen ablaufen. Es sollen die Befruchtung und die Implantation der befruchteten Eizelle dargestellt werden. Weitere wichtige Aspekte sind die Funktion der Plazenta und die Physiologie des Fetus und der Schwangeren. Außerdem beschäftigt sich diese Arbeit mit dem Vorgang der Geburt und der Milchproduktion. Zum Schluss wird kurz die Anpassung des Neugeborenen an die Umwelt beschrieben. (verändert nach „Ärztlicher Ratgeber für werdende und junge Eltern", 2005)

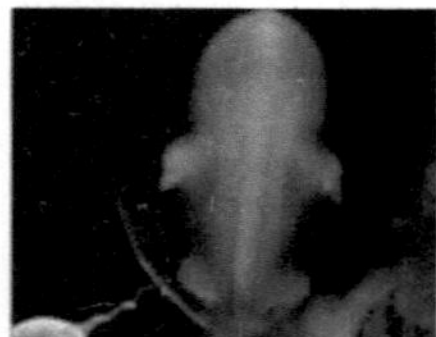

Abb. 2: Embryo in der sechsten SSW[1] (www.gyn.de)

Befruchtung und Implantation der befruchteten Eizelle

Um die Befruchtung einer Eizelle zu erzielen, müssen die im Ejakulat enthaltenen mehrere Millionen Spermatozoen bis in den Eileiter aufsteigen. Dort findet im Normalfall die Konzeption[2] statt. Erst während der Aszension[3] erlangen die Spermatozoen ihre vollständige Befruchtungsfähigkeit. Nur eines der Millionen Spermatozoen gelangt schließlich zur Befruchtung. Anschließend wandert die befruchtete Eizelle durch den Eileiter in die Gebärmutterhöhle. Dabei teilt und differenziert sie sich zum Trophoblasten und Embryoblasten. Am siebten Tag nach der Konzeption pflanzt sich die Eizelle in die Gebärmutterschleimhaut ein.

Befruchtung der Eizelle

Mit dem Eisprung gelangt die Eizelle aus dem Ovar[4] in den Bauchraum. Sie wird in die abdominale Öffnung der Tube[5] aufgenommen und wandert anschließend zur Uterushöhle[6]. Auf ihrem Weg dorthin

---

[1] SSW: Schwangerschaftswoche
[2] Konzeption: Befruchtung (Vereinigung der Gameten)
[3] Aszension: Aufstieg
[4] Ovar: Eierstock
[5] Tube: Eileiter

kann sie nun auf befruchtungsfähige Spermatozoen treffen. Dabei stellt die Schicht der Corona radiata[7] ein Passagehindernis für die Spermatozoen dar. Sie verlangsamt das Durchdringen zum weiblichen Gameten. Durch das bei der akrosomalen Reaktion aktivierte Acrosin[8] wird das Durchdringen ermöglicht. Über spezifische Rezeptoren muss das Spermatozoon an die Zona pellucida[9] gebunden werden, so dass eine speziesfremde Befruchtung ausgeschlossen werden kann. Das aktivierte Acrosin bahnt den Weg durch die Schicht der Zona pellucida, indem es Phospholipasen aktiviert. So wird dem Spermatozoon das Eindringen in die Plasmamembran der Eizelle ermöglicht. Durch die Membranfusion zwischen den Gameten wird die Freisetzung von Enzymen aus den kortikalen Granula der Eizelle ausgelöst. Diese trypsinähnlichen Enzyme zerstören dann die spezifischen Rezeptoren der Zona pellucida. Zudem verändern sie die Beschaffenheit der Eizellmembran, so dass keine weiteren Spermatozoen mehr mit ihr verschmelzen können. Diese Reaktion wird als Zonareaktion bezeichnet. Durch sie wird eine polysperme Befruchtung weitgehend verhindert. Am wahrscheinlichsten ist die Befruchtung am ersten Tag nach der Kohabitation. Sie ist jedoch auch noch am dritten Tag möglich. 12 Stunden nach der Ovulation[10] lässt sich die Eizelle am sichersten befruchten. In Ausnahmen kann die Befruchtung bis zur 24. Stunde erfolgen. (verändert nach „Lehrbuch der Physiologie", 2001; „Vegetative Physiologie", 1997)

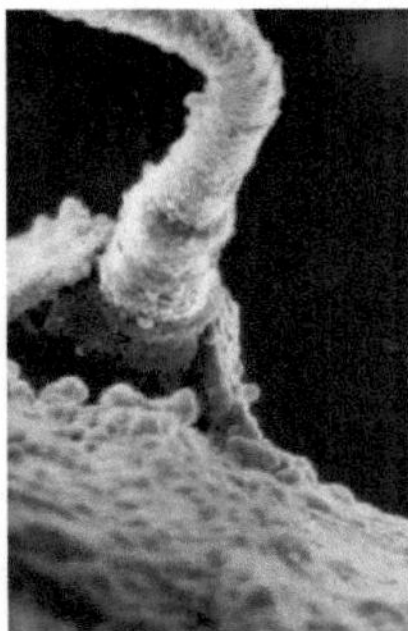

Abb. 3: Penetration der Zona pellucida (www.ruhr-uni-bochum.de)

Implantation der befruchteten Eizelle

Man bezeichnet die befruchtete Eizelle als Zygote. Diese wird von den Zilien der Tubenschleimhaut in Richtung der Gebärmutterhöhle bewegt. Am vierten Tag nach der Befruchtung erreicht die Zygote die Uterushöhle. Während ihrer Wanderung in den Uterus hat sich die Zygote geteilt. Sie besteht inzwischen aus etwa 60 Zellen und hat somit das Morulastadium erreicht. Durch Stoffe des Tubensekrets, wie Pyruvat, Lactat und Aminosäuren, wird die Zygote ernährt. Am siebten Tag nach der Konzeption hat sich die Blastozyste entwickelt. Diese besteht aus dem Trophoblasten und dem Embryoblasten. Die Blastozyste heftet sich am Gebärmutterepithel fest. Mit Hilfe proteolytischer Enzyme dringt sie in das Endometrium ein. Die Uterusschleimhaut wird zur Dezidua umgewandelt. Während der Einnistung (Implantation) erhält die Blastozyste Nährstoffe aus den Zellen der Dezidua. Zwischen dem 9. und 12. Tag nach der Konzeption wachsen aus dem Trophoblasten Stränge, die so genannte Lakunen (Hohlräume) bilden. Durch diese Hohlräume fließt nach der Eröffnung von Kapillaren mütterliches Blut, das die Blastozyste nun ernährt. Zu diesem Zeitpunkt gelangen alle Nährstoffe im Embryo nur durch Diffusion zu den einzelnen Zellen. Mit dem Wachstum des Embryos

---

[6] Uterus: Gebärmutter
[7] Corona radiata: äußerste Schicht der Eizelle; besteht aus Granulosaluteinzellen.
[8] Acrosin: besitzt die Eigenschaft einer Hyaluronidase; wirkt lokal zytolytisch und erhöht die Permeabilität.
[9] Zona pellucida: Glashaut; ist eine Schutzhülle um die Eizelle, die von den kubischen Follikelepithelzellen des Primärfollikels gebildet wird. Sie liegt zwischen der Zellmembran der Eizelle und den Follikelepithelzellen, die in ihrer Gesamtheit als Corona radiata bezeichnet werden.
[10] Ovulation: Eisprung

werden die Diffusionsstrecken immer länger, weshalb diese nach der Ausbildung von Blutgefäßen im Embryo zunehmend durch Konvektion[11] überbrückt werden müssen. In den Blutgefäßen des Embryoblasten und Trophoblasten beginnt etwa ab dem 16. Tag fetales Blut zu strömen. Die Plazenta bildet sich aus, wenn von den Trophoblaststrängen Villi[12] ausgewachsen sind, die von mütterlichem Blut der Lakunen umgeben sind[13]. Größe und Leistung der Plazenta nehmen bis zur 36. Woche zu. Ab der 10. Woche wird der Embryo nur noch durch den plazentaren Transport zwischen mütterlichem und fetalem Blut ernährt. Es werden dann keine Stoffe mehr durch den Trophoblasten aus den Zellen der Dezidua aufgenommen.

„Die Entwicklung der Blastozyste und ihre Implantation hängen von der Zusammensetzung des Sekrets der umgebenden Schleimhaut ab." („Lehrbuch der Physiologie", 2001) Das Sekret muss einen ausreichenden Spiegel von Progesteron und Östrogenen aufweisen. Damit sich der Embryo auch nach dem 14. Tag weiterentwickelt, ist eine weiterhin bestehende Sekretion von Progesteron aus dem Gelbkörper notwendig. Die hypophysären Gonadotropinspiegel nehmen postovulatorisch ab. Deshalb wird deren Aufgabe von einem Gonadotropin aus dem Trophoblasten übernommen, das man HCG[14] nennt. (verändert nach „Lehrbuch der Physiologie", 2001; „Physiologie", 1995)

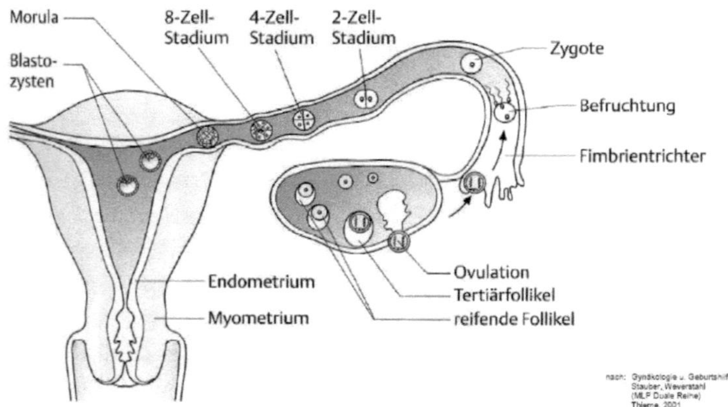

Abb. 4: Stadien der Frühentwicklung in der Tube (www.ruhr-uni-bochum.de)

Abort

Nach einer erfolgreichen Befruchtung kommt es häufiger zur Fehlgeburt (Abort) als zur Geburt eines Kindes. Den Abgang des Ungeborenen bis zur 28. Schwangerschaftswoche bezeichnet man mit dem Begriff Fehlgeburt. Den späteren Verlust des Fetus hingegen nennt man Frühgeburt, weil das Ungeborene zu diesem Zeitpunkt bereits außerhalb des Mutterleibs überleben kann. Von 100 befruchteten Eizellen gehen schon in den ersten vier Wochen etwa 50 verloren. Dies wird normalerweise von den schwangeren Frauen nicht bemerkt[15]. Unter den restlichen 50 Schwangerschaften kommt es bei etwa acht zu einer spontanen Fehlgeburt. Ursachen für Aborte sind unter Anderem genetische Fehler, Missbildungen der Zygote, der Blastozyste oder des Fetus. Weiterhin können auch Progesteronmangel, immunologische Faktoren und Anomalien des Genitales der Schwangeren zu einer Fehlgeburt führen. Durch eine Abtreibung werden nach groben Schätzungen etwa ein Drittel der überlebensfähigen Schwangerschaften in Westeuropa beendet. Dies bedeutet insgesamt, dass von 100 Befruchtungen lediglich etwa 28 Geburten zu erwarten sind. (verändert nach www.9monate.de; „Lehrbuch der Physiologie", 2001)

---

[11] Konvektion: Massenfluss entsprechend dem Druckgefälle
[12] Villi: kapillarisierte Zotten
[13] so genannte intervillöse Räume
[14] HCG: <u>H</u>uman <u>C</u>horionic <u>G</u>onadotropin
[15] subklinische Aborte, „missed abortion"

Ein vollständig entwickeltes Kind wird etwa 38 Wochen[16] nach der Befruchtung geboren (38. Woche post conceptionem, p.c.). In der Klinik wird jedoch die Schwangerschaftsdauer auf den Beginn der letzten Menstruation bezogen. Nach dieser Methode gilt eine Schwangerschaftsdauer von 40 Wochen. Die Geburt findet in der 40. Woche post menstruationem (p.m.) statt. (verändert nach „Lehrbuch der Physiologie", 2001)

Funktion der Plazenta

Alle Baustoffe und Sauerstoff, die der Fetus zum wachsen benötigt, müssen von der Mutter geliefert werden. Demzufolge ist die Plazenta so gebaut, dass Stoffe an- und abtransportiert werden können und dass ein Austausch dieser Stoffe zwischen Mutter und Fetus erfolgen kann. Die Stoffe werden mit dem Blut des mütterlichen und fetalen Kreislaufs transportiert. Die Plazenta besteht aus Blutgefäßen, Bindegewebe und den Zellen des Trophoblasten. Die Trophoblastenzellen bilden eine Barriere zwischen mütterlichem und fetalem Blut. Eine weitere Aufgabe der Plazenta ist die Bildung von Hormonen. Die respiratorische Funktion der Plazenta ermöglicht die Sauerstoffzufuhr zum Fetus und den Abtransport von fetalem Kohlendioxid. Außerdem übernimmt die Plazenta in der Fetalzeit die Funktionen von Nieren, Darm, Leber und Haut.

Bau der Plazenta

Es entwickeln sich Zottenbäume, indem aus den Stammzotten weitere Zotten auswachsen. Diese Zottenbäume füllen beinahe die ganzen intervillösen Räume aus, welche auf der der Gebärmutter zugewandten Seite von einer Schicht aus miteinander verschmolzenem Gewebe von Trophoblastenzellen des Fetus und Dezidua begrenzt werden. Durch die Spiralarterien fließt mütterliches Blut in die vom Trophoblasten umschlossenen Räume ein. Das Blut fließt durch die basalen Venen wieder ab. In den Zotten befinden sich fetale Blutgefäße. Diese sind an zwei Arterien und eine Vene der Nabelschnur angeschlossen. Die fetale Kapillarwand und das Synzytium des Trophoblasten bilden eine Barriere zwischen mütterlichem und fetalem Blut. Bis zur 16. Schwangerschaftswoche gibt es zudem eine zweite Schicht, den Zytotrophoblasten. Dieser wird weitgehend in das Synzytium eingebaut, welches die wesentliche Barriere für den Stoffaustausch darstellt. Alle Stoffe müssen sowohl die multivillöse Membran der mütterlichen Seite als auch die basale Zellmembran der fetalen Seite passieren. (verändert nach „Lehrbuch der Physiologie", 2001)

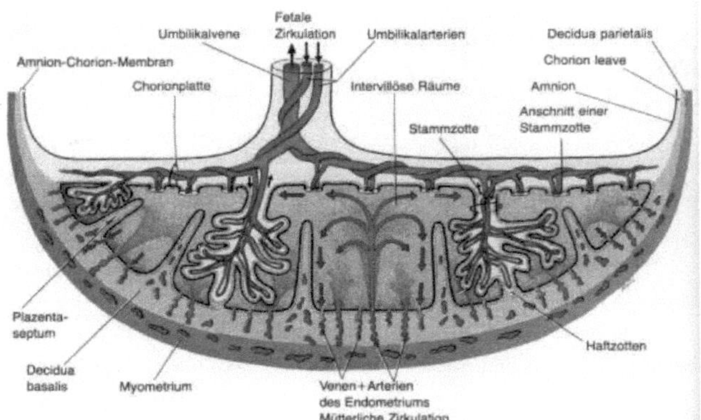

Abb. 5: Bau der Plazenta – schematische Darstellung von Zottenbäumen im intervillösen Raum (www.merian.fr.bw.schule.de)

---

[16] ± 10 Tage

Stoffaustausch zwischen der Schwangeren und dem Fetus

Der Stofftransport durch die Membranen des Trophoblasten findet mit Hilfe verschiedener
Mechanismen statt. Zum einen geschieht er durch einfache Diffusion. Ein weiterer Mechanismus ist der
durch Carrier erleichterte passive Transport. Außerdem gibt es noch die Möglichkeiten des
carriervermittelten aktiven Transportes und der Endozytose. (verändert nach www.merian.fr.bw.schule.de)

Einfache Diffusion

Durch einfache Diffusion werden die Atemgase zwischen mütterlichem und fetalem Blut ausgetauscht.
Dabei ist die Partialdruckdifferenz zwischen mütterlichem und fetalem Blut die treibende Kraft. Sie
beträgt für Sauerstoff zwischen den Arterien der Gebärmutter und den Arterien der Nabelschnur etwa
10 kPa. Die Differenz zwischen den Venen von Gebärmutter und Nabelschnur ist nach der Passage der
Plazenta auf etwa 0,7 kPa abgesunken. Man nimmt im Kapillarbereich eine mittlere
Partialdruckdifferenz von 2,7 kPa an. Der Fetus nimmt bei einer Diffusionskapazität von 7-11 ml/(min ·
kPa) am erwarteten Geburtstermin etwa 20 ml O_2/min auf. Diese Sauerstoffmenge kann trotz des
niedrigen P_{O2} im Nabelvenenblut[17] aus mehreren Gründen transportiert werden. Zum einen hat der
Fetus einen höheren Hb-Gehalt[18] als die Mutter. Außerdem ist die O_2-Affinität des fetalen Hämoglobins
größer als die des mütterlichen. Zusätzlich wird die O_2-Sättigung des fetalen Blutes während der
Plazentapassage durch Alkalisierung verbessert.
Im Stoffwechsel des Fetus wird CO_2 gebildet, welches durch Diffusion über die Plazenta an die Mutter
abgegeben wird. Dazu genügt die relativ kleine CO_2-Partialdruckdifferenz[19], da CO_2 wegen seiner guten
Löslichkeit leichter diffundieren kann als Sauerstoff. In der Schwangerschaft tritt bei der Mutter eine
Hyperventilation auf, so dass der P_{CO2} ihres Arterienblutes erniedrigt ist. Das auszutauschende CO_2 liegt
im fetalen Plasma als Bicarbonat vor und muss vor der Abgabe an die Mutter in den Erythrozyten zu
CO_2 umgewandelt werden. Durch die gleichzeitige Oxygenierung des fetalen Blutes in der Plazenta wird
die Abgabe des CO_2 erleichtert[20]. Schließlich wird der größte Teil des CO_2 in den Erythrozyten des
mütterlichen Blutes wieder in Bicarbonat umgewandelt und an das Plasma abgegeben.
Nicht nur die Atemgase, sondern auch alle fettlöslichen Stoffe können die Plazentamembranen mittels
einfacher Diffusion passieren. Auch die Vitamine A, D, E und F sowie viele Pharmaka können durch
diesen Mechanismus zwischen Mutter und Fetus ausgetauscht werden. Die meisten Fettsäuren sind
jedoch an Proteine gebunden, welche nicht permeieren können. Ein weiterer Stoff, der durch einfache
Diffusion an die Mutter abgegeben wird, ist der wasserlösliche Harnstoff.

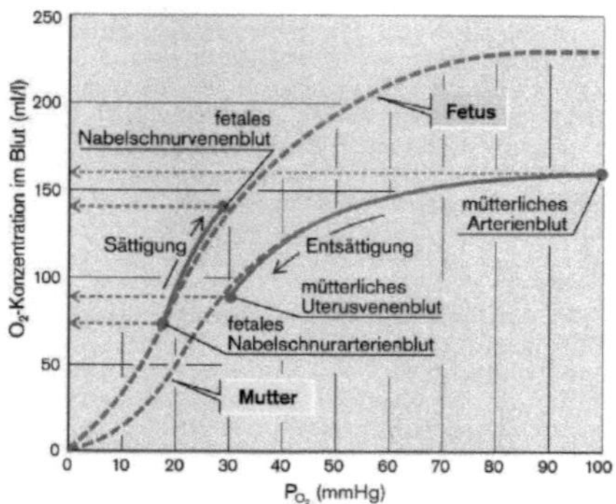

Zu Abb. 6: Fetales Hämoglobin und 2,3-DPG (2,3
Diphosphoglycerat): Die größere Affinität des fetalen
Hämoglobins für Sauerstoff im Vergleich zum adulten
Hämoglobin erleichtert den Sauerstofftransfer von der Mutter
zum Fetus. Der Grund für diese erhöhte Affinität ist die
schwächere Bindung der γ-Kette (spezifisch für HbF) an das 2,3-
DPG, die Kette, die die β-Kette im fetalen Hämoglobin ersetzt.
2,3-DPG setzt die Sauerstoffaffinität von Hämoglobin A
herunter und stabilisiert Desoxyhämoglobin. Die Höhle im
Zentrum der 4 Globinketten kann ein Molekül 2,3-DPG
zwischen den zwei β-Ketten des Hämoglobins A binden,
wogegen dies beim Hämoglobin F nicht möglich ist. P_{50} des
HbF ist im Vergleich zum adulten Hb reduziert (siehe Abb.) P_{50}
= P_{O2}, bei dem das Hämoglobin zu 50% mit Sauerstoff gesättigt
ist. (www.embryology.ch)

Abb. 6: Sauerstoffbindungskurven des mütterlichen (blau) und des fetalen (rot) Blutes (www.unet.univie.ac.at)

---

[17] etwa 3,8 kPa
[18] Hb: Hämoglobin
[19] ca. 0,7 kPa
[20] der so genannte Haldane-Effekt

Durch Carrier erleichterter passiver Transport

Um den wichtigsten Energielieferanten des Fetus – die Glucose – durch die Plazenta zu befördern, wird
ein spezifischer Carrier benötigt, der sich, wie viele weitere spezifische Carrier, in den Membranen des
Synzytiums befindet. Die Glucose gelangt mit Hilfe des GLUT-1-Uniport-Carriers in großen Mengen
durch die Plazenta. Durch den ständigen Glucoseverbrauch ist der Glucosespiegel im Blut der
Nabelarterien etwa 1-2 mmol/l niedriger als im Blut der Schwangeren. Daraus folgt ein
„Bergab"transport in Richtung Fetus (siehe Abb. 7). Lactat wird vom Fetus zur Mutter ebenfalls durch
Carrier gefördert. So kann eine stärkere Lactatanreicherung im Fetus verhindert werden. Ein weiterer
Stofftransport, der durch Carrier erleichtert wird, ist der Transport von Dehydroascorbinsäure[21].
Ascorbinsäure kann die Plazenta nicht passieren. Nachdem die Dehydroascorbinsäure die Plazenta
passiert hat, wird sie im Fetus wieder zu Ascorbinsäure reduziert. Die Konzentration der Ascorbinsäure
ist dann im fetalen Blut höher als im mütterlichen. (verändert nach www.embryology.ch; „Lehrbuch der
Physiologie", 2001; „Human Physiology", 1994)

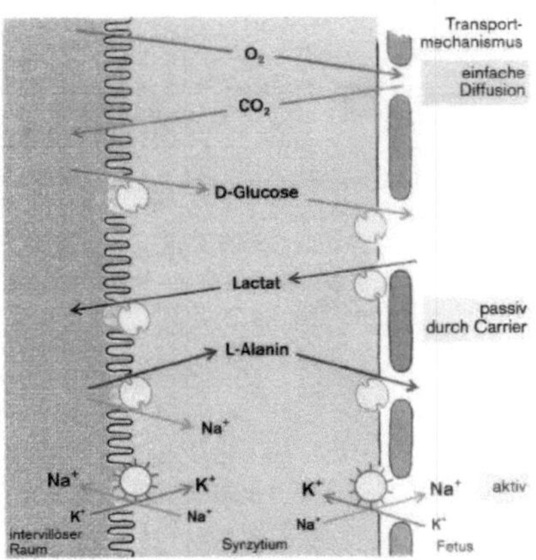

Abb. 7: Transportmechanismen in den Membranen des plazentaren Synzytiums (www.unet.univie.ac.at)

Carriervermittelter aktiver Transport und Endozytose

Aminosäuren[22] müssen aktiv von der Mutter zum Fetus transportiert werden. Für diesen
„Bergauf"transport werden verschiedene Na^+-Symportcarrier benötigt, die in der Synzytiummembran auf
der mütterlichen Seite lokalisiert sind. Mit Hilfe dieser Carrier werden die AS sekundär-aktiv im
Trophoblasten intrazellulär angehäuft. Die dafür nötige Triebkraft ist der hohe elektrochemische Na^+-
Gradient. Durch die Na^+-K^+-ATPase wird dieser Gradient aufrechterhalten. Aus dem Synzytium gelangen
die AS bergab in das fetale Blut (siehe Abb. 7). Dieser Transport der AS ist ein passiver Transport durch
Uniporter. Auf ähnliche Weise soll der Transport der B-Vitamine ablaufen. Ca^{2+} wird aktiv aus dem Blut
der Mutter in den Trophoblasten gebracht. Von dort gelangen die Ionen in das fetale Blut. Die Ca^{2+}-
Konzentration ist im fetalen Blut höher als im mütterlichen.
Eisen und Proteine werden mittels Endozytose transportiert. Im mütterlichen Blut findet man das Eisen
als Komplex an Transferrin gebunden. Der Eisen-Transferrin-Komplex wird durch die multivillöse
Membran endozytiert. Anschließend wird der Komplex in der Zelle gespalten. Das Eisen gelangt durch
die basale Membran in das fetale Blut. Das Apotransferrin, welches im Synzytium zurückgeblieben ist,
gelangt durch Exozytose zurück in das mütterliche Blut. Der Transport großer Eiweißmoleküle durch
die Synzytiummembran mittels Endozytose ist selektiv. Bevorzugt aufgenommen werden die
Immunglobulin-(Ig)G-Antikörper. Zu ihnen gehören auch die Anti-D-Rhesusantikörper, die dem Fetus

---

[21] Dehydroascorbinsäure: oxidierte Form des Vitamins C
[22] Aminosäuren: im Folgenden AS

einen ähnlichen immunologischen Schutz gegen Infektionen geben wie der Mutter. Wenn allerdings Rhesusantikörper einer Rh-negativen Mutter in einen Rh-positiven Fetus gelangen, kann dieser dadurch Schaden nehmen[23]. (verändert nach „Lehrbuch der Physiologie", 2001; www.merian.fr.bw.schule.de; „Human Physiology", 1994)

Die Plazenta als Hormondrüse

Die menschliche Plazenta kann mehrere Hormone synthetisieren, welche zum einen der Entwicklung der Frucht und zum anderen der Erhaltung der Schwangerschaft dienen. Zum Teil lassen sich diese Hormone im mütterlichen Blut und Urin nachweisen. Zu den wichtigsten Hormonen gehören das HCG, das HPL[24] (auch HCS[25]), Östrogene und Progesteron. HCG lässt sich 6 – 8 Tage nach der Befruchtung im Blut der Schwangeren nachweisen. Anhand von Abb. 8 kann man sehen, dass die HCG-Konzentration in der 9. oder 10. Woche ihr Maximum erreicht. Bis zur 20. Woche nimmt die Konzentration dann ab. In den ersten drei Schwangerschaftsmonaten übernimmt HCG die Funktion des LH[26]. Es stimuliert den Gelbkörper, so dass große Mengen Östrogene und Progesteron gebildet werden. Durch diese Hormone wird das Endometrium zur Dezidua umgewandelt, welche zunächst den Embryo ernährt. Der Gelbkörper bildet sich etwa ab der 12. Woche zurück. Zu diesem Zeitpunkt kann die Plazenta bereits ausreichende Mengen Östrogene[27] und Progesteron bilden, die der Entwicklung eines „geburtsfähigen mütterlichen Genitales" („Lehrbuch der Physiologie", 2001) dienen. Zudem werden durch Progesteron Kontraktionen des Uterus verhindert, da es dessen Muskelaktivität hemmt. HPL fördert die Entwicklung und das Wachstum von Gewebe. Es kann daher in hohen Konzentrationen das Wachstum und die Milchproduktion der Brustdrüse einleiten. Weiterhin erhöht HPL den Glucosespiegel der Mutter, so dass genügend Glucose für die Versorgung des Fetus vorhanden ist. (verändert nach www.medizinfo.de; www.embryology.ch; www.merian.fr.bw.schule.de; „Lehrbuch der Physiologie", 2001; „Human Physiology", 1994)

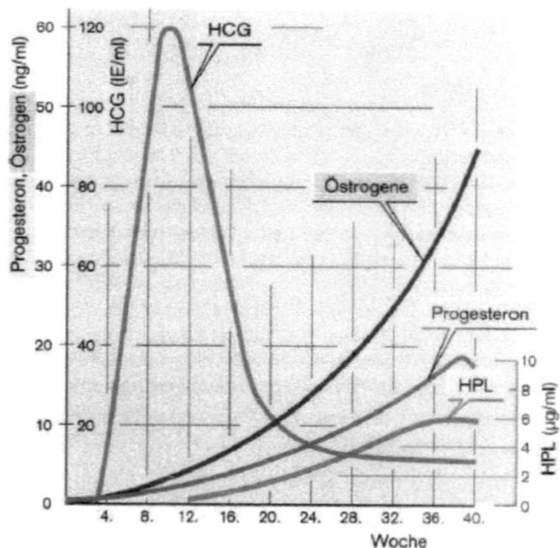

Abb. 8: Verlauf der Konzentrationen der Plazentahormone im Plasma der Mutter während der Schwangerschaft (www.unet.univie.ac.at)

---

[23] die so genannte Rhesusinkompatibilität
[24] HPL: Human Placental Lactogen
[25] HCS: Humanchorionic Somatomammotropin
[26] LH: lutenisierendes Hormon
[27] hauptsächlich Östriol

Physiologie des Fetus

Die Entwicklung der einzelnen Organe findet zwischen der 2. und 12. Woche, also in der Embryonalphase, statt. Diesen Prozess bezeichnet man als Organogenese. Die Organe nehmen dann auch die ersten Funktionen auf. Während der anschließenden Fetalperiode differenzieren sich die Organe, so dass sie bei der Geburt voll leistungsfähig sind. Mit der Geburt des Kindes muss sich auch das Herz-Kreislauf-System umstellen.

Wachstum des Fetus

Am Ende der 12. SSW wiegt der Embryo ca. 100 g und ist ungefähr 10 cm lang. Bis zum normalen Geburtstermin in der 40. Woche p.m. wächst der Fetus auf eine Länge von etwa 50 cm heran. In den letzten vier Wochen der Schwangerschaft verlangsamt sich das Längenwachstum etwas, während die Gewichtszunahme unverändert bleibt. Bei der Geburt wiegt das Kind zwischen 3000 – 3500 g (Normalgewicht). Hauptsächlich Strukturproteine werden bis zur 28. Woche aufgebaut. Im 3. Trimenon[28] bilden sich außerdem Fettspeicher aus, die zum Schluss einen Gewichtsanteil von 15% ausmachen. (verändert nach www.gyn.de; „Lehrbuch der Physiologie", 2001)

Entwicklung der fetalen Organe

In der 28. SSW ist die vollständige Anzahl der Neurone erreicht. Diese wachsen und differenzieren sich bis zum vierten Lebensjahr des Kindes. Die Proliferation der Gliazellen dauert ebenso lange. In der 24. Woche beginnt die Myelinisierung der Neuriten. Sie dauert bis zum sechsten Lebensjahr des Kindes. Typische EEG-Muster kann man etwa ab der 20. SSW nachweisen. Die Entwicklung des Gehirns kann durch intrauterine Mangelernährung oder Sauerstoffmangel stark beeinträchtigt werden.
In der 5. SSW beginnt das Herz des Ungeborenen zu schlagen. Der Kreislauf entwickelt sich bis zur 11. Woche (siehe Abb. 9). Es gibt gravierende Unterschiede zum Herz-Kreislauf-System eines Erwachsenen. Das Blut beider Herzventrikel wird größtenteils direkt dem Körperkreislauf zugeführt. Auch der rechte Ventrikel entleert sich überwiegend durch den Ductus arteriosus Botalli in die Aorta. Daher bezeichnet man das Zeitvolumen beider Ventrikel insgesamt als fetales Herzzeitvolumen[29]. Über die Nabelvene gelangt sauerstoffreiches Blut aus der Plazenta zur fetalen Leber (etwa die Hälfte des HZV). Ein Teil des Blutes strömt auf dem Umweg durch das Lebergewebe über Lebervenen in die Vena cava inferior während der andere Teil durch den Ductus venosus direkt dorthin gelangt. Dies ist auch der Grund dafür, dass das Blut der Vena cava inferior[30] im oberen Teil sauerstoffreicher ist, als das Blut der Vena cava superior[31]. Durch das offene Foramen ovale strömt etwa 50% des Blutes der Vena cava inferior in das linke Herz. Das Blut der oberen Hohlvene hingegen wird von einer Gewebeleiste am Foramen vorbei in das rechte Herz geleitet. In den linken Vorhof gelangt von dort aus durch die Lungen weniger als 1/10 des Blutes. Der Großteil erreicht die Aorta durch den Ductus arteriosus Botalli. 40% des gesamten HZV wird durch die linke Kammer in die Aorta getrieben. Von diesem Blutvolumen werden drei Viertel an die obere Körperhälfte abgegeben. Das übrige Viertel vermischt sich mit dem sauerstoffärmeren Blut des Ductus arteriosus Botalli. Dadurch gelangt besser oxygeniertes Blut zum Kopf des Fetus als zum kaudalen Körperabschnitt. Etwa 2/3 des Blutes der absteigenden Aorta[32] wird der Plazenta zugeführt. Das fetale HZV beträgt mindestens 200 ml/min pro kg Körpergewicht und ist somit ungefähr dreimal höher als das HZV eines ruhenden Erwachsenen. Der arterielle Blutdruck des Fetus liegt bei 50 – 60 mmHg und steigt bis zur Geburt noch etwas an.
In der vierten Woche der Schwangerschaft bilden sich zunächst in Mesenchym und Blutgefäßen, später in Leber und Milz und schließlich im Knochenmark die ersten Erythrozyten. Das Volumen der roten Blutkörperchen ist beim Fetus größer als beim Erwachsenen. Bei einer Anzahl von $5 - 6 \cdot 10^6/\mu l$ liegt der Hämoglobingehalt bei der Geburt bei etwa 160 – 200 g/l. Ab der achten Woche bilden sich auch Granulozyten und Lymphozyten. Zunächst ist die Anzahl der Leukozyten gering. Erst kurz vor der

---

[28] Trimenon: die letzten 3 Monate der Schwangerschaft
[29] Herzzeitvolumen: HZV
[30] 70% des HZV
[31] 30% des HZV
[32] Aorta descendens

Geburt steigt sie auf 20000/µl an. Die Gerinnungsfähigkeit des fetalen Blutes ist wegen der niedrigen Anzahl der Thrombozyten und der geringen Konzentration der Gerinnungsfaktoren noch nicht vollständig ausgeprägt. Das so genannte α-Fetoprotein wird in der Leber gebildet. Es ist das häufigste Plasmaprotein. Während der Schwangerschaft wird es jedoch zunehmend durch Albumin ersetzt[33]. Bis zur Geburt steigt der IgG[34]-Gehalt des fetalen Blutes an. Bei der Geburt ist der fetale IgG-Gehalt des Blutes höher als bei der Mutter. IgG ist ein Immunglobulin der Mutter. Es ist plazentagängig und dient der passiven Immunisierung des Fetus. Dieser kann nämlich noch keine eigenen Antikörper bilden. Das immunologische System bildet sich in den ersten Lebensmonaten des Neugeborenen aus.

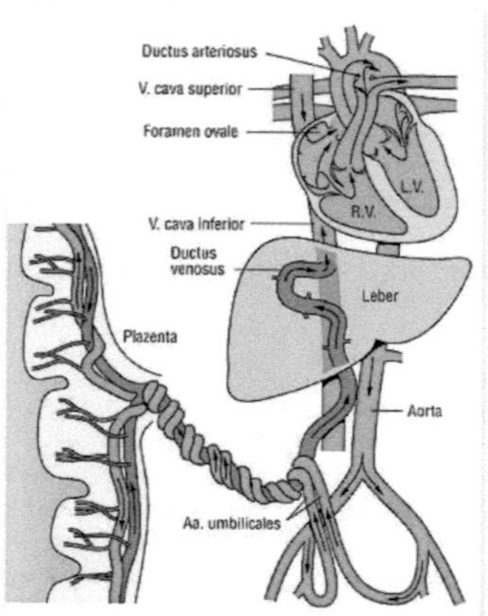

Abb. 9: Fetales Herz-Kreislauf-System; R.V. = rechter Ventrikel, L.V. = linker Ventrikel (www.gesundheit.de)

Die Nephrone beginnen erstmals in der 22. SSW zu filtrieren. Bis zur 36. Woche steigt ihre Anzahl und damit die glomeruläre Filtrationsrate[35] an. Trotzdem ist die GFR beim Fetus relativ klein, da die Durchblutung der Nieren gering ist. Die Tubuli sind bereits in der Lage, Stoffe aktiv zu transportieren. „Die Reabsorption entlang des Nephrons ist noch nicht von einer isoosmotischen Wasserreabsorption begleitet." („Lehrbuch der Physiologie", 2001) Aus diesem Grund gibt der Fetus einen Harn in das Fruchtwasser ab, der hypoton, glucose- und eiweißfrei ist. Das Nierenmark erlangt seine Fähigkeit, den Harn zu konzentrieren, erst in den ersten beiden Lebensmonaten nach der Geburt. Die fetalen Nieren sind kaum an der Regulation des Wasser- und Salzhaushalts beteiligt, weil diese Aufgabe von der Plazenta übernommen wird.

Die ersten Atembewegungen setzen in der 12. SSW ein. Bis zur 34. Woche entwickelt sich ein typischer periodischer Verlauf. Die Atembewegungen sind sehr flach, dauern etwa 2 – 5 Minuten und wiederholen sich mehrmals pro Stunde. Im 7. Monat kommen Schnappatmungsbewegungen dazu. Diese werden durch das unreife Atemzentrum ausgelöst. Mit zunehmender Reife der Lunge verschwinden diese Atembewegungen wieder. Die Alveolen und Bronchien des Fetus sind mit Alveolarsekret gefüllt, welches in das Fruchtwasser gelangt. Surfactant[36] ist ein Stoff, der ab der 26. Woche von Zellen der Alveolarwand abgesondert wird. Das Verhältnis bestimmter Surfactantfaktoren im Fruchtwasser gibt Aufschluss über die Lungenreife.

Der Verdauungstrakt des Fetus erreicht in der 30. Woche der Schwangerschaft den Funktionszustand wie bei der Geburt. Es werden Verdauungsenzyme von der Darmmukosa abgesondert. Die Darmmukosa

---

[33] Bei der Geburt ist nur noch 1% des α-Fetoproteins vorhanden.

[34] IgG: Immunglobulin G

[35] glomeruläre Filtrationsrate: GFR

[36] grenzflächenaktive Substanz; setzt die Oberflächenspannung in den Alveolen herab; verhindert das Zusammenfallen der Alveolen beim Ausatmen; ein Mangel an Surfactant führt zu einer erschwerten Atmung des Neugeborenen (besonders bei Frühgeborenen)

resorbiert außerdem Nahrungsstoffe, unter anderem auch Proteine. Stoffe aus dem Fruchtwasser, abgestoßene Zellen der Schleimhaut und Galle werden als Mekonium im Kolon gespeichert. Das Mekonium ist also kein Verdauungsprodukt, sondern das, was sich während der Schwangerschaft im Darm angesammelt hat. Das können z.B. auch eigene Haare sein, die der Fetus mit dem Fruchtwasser verschluckt hat. Unter Sauerstoffmangel kann das Mekonium bereits in der Gebärmutter in das Fruchtwasser abgehen. Eine Mekoniumaspiration[37] durch das ungeborene Kind kann nach der Geburt die Atmung erheblich behindern.

In der 8. Woche ist die fetale Leber bereits stoffwechselaktiv. Sie erreicht ihre vollständige Reife jedoch erst nach der Geburt. Durch die Leber werden große Fett- und Eiweißspeicher aufgebaut. Dabei stammt das Fett zum Großteil aus dem Glucosestoffwechsel. Die Entgiftungs- und Ausscheidungsfunktion der Leber übernimmt während der Schwangerschaft die Plazenta. Beim Abbau von Hämoglobin beispielsweise entsteht Bilirubin, welches über die Plazenta an die Mutter abgegeben wird. Nach der Geburt fehlt die Plazenta für diese Aufgaben und die kindliche Leber ist noch nicht völlig ausgereift. Zudem wird in dieser Zeit viel Hämoglobin abgebaut. Dadurch steigt der Bilirubinspiegel des Neugeborenen an (Neugeborenenikterus, siehe Exkurs). (verändert nach www.gesundheit.de; www.medizinfo.de; de.wikipedia.org; www.kinderherzzentrum-kiel.de; www.uniklinikum-giessen.de; „Lehrbuch der Physiologie", 2001)

Exkurs: Neugeborenenikterus

Mehr als die Hälfte aller reifen Neugeborenen entwickelt etwa zwei bis drei Tage nach der Geburt eine Gelbsucht (Ikterus), die auf einer erhöhten Konzentration des Gallenfarbstoffes Bilirubin in den Körpergeweben beruht. Normalerweise erreicht dieser Ikterus am vierten bis fünften Lebenstag seinen Höhepunkt mit maximal 13 - 15 mg Bilirubin pro dl Blut und klingt bis zum Beginn der zweiten Lebenswoche wieder ab. Bei gestillten Kindern kann die Gelbsucht etwas länger anhalten, eine Stillpause ist aber nur in sehr seltenen Fällen indiziert. Bilirubin ist ein gelbbrauner Gallenfarbstoff, der als Bestandteil des Blutes dem Serum die gelbe Farbe verleiht und ein Abbauprodukt des roten Blutfarbstoffs (Hämoglobin) ist. Das Bilirubin bindet sich bei einer Gelbsucht an die elastischen Fasern der Haut und der Bindehaut sowie an die Lederhaut des Auges. Dort fallen die Veränderungen wegen des weißen Untergrundes am frühesten auf. Der physiologische Ikterus beschreibt keinen krankhaften Vorgang im Körper, sondern lediglich eine Besonderheit, die bei der normalen Umstellung der Organfunktion und der Stoffwechselvorgänge auf die neuen Lebensbedingungen des Kindes auftreten kann. Jungen zeigen im Mittel höhere Bilirubinkonzentrationen als Mädchen. Der Ikterus beruht auf der noch verminderten Fähigkeit der Leber, das beim Hämoglobinabbau entstehende Bilirubin mithilfe von komplizierten Stoffwechselvorgängen zu binden und rasch abzubauen. (www.aok.de)

Physiologie der Schwangeren

Während der Dauer der Schwangerschaft treten im gesamten mütterlichen Organismus Veränderungen auf, da sich die Schwangere an das wachsende Kind anpassen muss. Kreislauf, Atmung, Stoffwechsel und Hormonhaushalt verändern sich. Die ersten Anzeichen einer Schwangerschaft sind in den meisten Fällen das Ausbleiben der monatlichen Regelblutung, Unwohlsein und Erbrechen. Sowohl das Unwohlsein als auch das Erbrechen werden durch den raschen Anstieg der Östrogenproduktion ausgelöst. Ein weiteres frühes Schwangerschaftszeichen ist die bläuliche Verfärbung der Schamlippen und der Scheide. Diese entsteht dadurch, dass die Gewebe aufgelockert und stärker durchblutet sind. Durch die Erweiterung oberflächlicher Venen erscheinen dann Scheide und Schamlippen bläulich.

Stoffwechsel

Durch die starke Produktion von Progesteron und Östrogenen nimmt die Masse der Uterusmuskulatur enorm zu (von ca. 50 g auf etwa 1000 g). Zwar nimmt die Zahl der Muskelzellen nicht zu, doch sie vergrößern sich, besonders in Längsrichtung, bis auf das Zehnfache. Die Masse der Brustdrüsen verdoppelt sich. Die Zunahme des Körpergewichts beträgt im 2. Trimenon etwa 450 g pro Woche. Insgesamt nimmt die Frau während der Schwangerschaft etwa 12 kg zu. Der Fetus, die Plazenta und das

---

[37] Aspiration: Verschlucken bzw. Einatmen (von Gegenständen)

Fruchtwasser machen 40% der Gewichtszunahme aus. Die Schwangere hat durch die Gewichtszunahme und durch eine hormonell bedingte Steigerung des Energieumsatzes einen erhöhten Energiebedarf (ca. 10 - 20%). Um die zusätzliche Hämoglobinbildung auszugleichen, benötigt die Schwangere 1 mg Eisen pro Tag. 0,4 mg davon benötigt der Fetus, 0,6 mg die Mutter. Außerdem ist eine ausreichende Zufuhr von Vitamin D erforderlich, da dieses für die vermehrte Calciumabsorption gebraucht wird. Dies ist für den fetalen Knochenaufbau notwendig. (verändert nach „Lehrbuch der Physiologie", 2001; „Physiologie", 1995; „Human Physiology", 1994)

Herz und Kreislauf

Auch der Kreislauf der Mutter muss sich den Schwangerschaftsbedingungen anpassen. In der zweiten Hälfte der Schwangerschaft steigt das Blutvolumen um ca. 30% an. Das Plasmavolumen steigt um 40%, das Erythrozytenvolumen um 20%. Dadurch sinkt der Hämatokritwert[38] und der Hämoglobingehalt[39] ab. Um 30 - 40% nimmt das Herzzeitvolumen in Ruhe zu. Es bleibt bis zur Geburt erhöht. Auch die Herzfrequenz[40] und das Schlagvolumen[41] nehmen zu. Im Verlauf der Schwangerschaft fällt der mittlere arterielle Blutdruck zunächst etwas ab. Bis zur Geburt steigt er jedoch wieder auf normale Werte an. Während der gesamten Schwangerschaft ist der periphere Widerstand herabgesetzt. Durch die Fähigkeit des wachsenden Uterus, die Venen im Beckenbereich zu komprimieren, kann der Venendruck in den Beinen (im Liegen) bis auf 25 mmHg erhöht sein. Dadurch können Krampfadern, Ödeme der Beine und Hämorrhoiden entstehen. (verändert nach „Lehrbuch der Physiologie", 2001; „Physiologie", 1995)

Atmung

Die Schwangere hat bis zur Geburt sowohl einen um 20% erhöhten Sauerstoffbedarf als auch eine um 20% erhöhte CO_2-Produktion. Durch den hohen Progesteronspiegel im mütterlichen Blut wird die Empfindlichkeit des Atemzentrums gegenüber dem P_{CO2} erhöht. Daher nimmt die alveoläre Ventilation überproportional zu. Der arterielle P_{CO2} der Mutter nimmt somit ab, damit die CO_2-Abgabe des Fetus verbessert wird. Durch den Zwerchfellhochstand am Ende der Schwangerschaft ist das Atmen erschwert. Erst im letzten Schwangerschaftsmonat ist die Vitalkapazität eingeschränkt. (verändert nach „Lehrbuch der Physiologie", 2001; „Physiologie", 1995)

Niere

Die GFR nimmt bis zur 32. Woche um 50% zu. Sie bleibt dann bis zur Geburt konstant. Durch den niedrigen Hämatokrit nimmt der renale Plasmastrom zu. Aus der erniedrigten Konzentration der Plasmaproteine resultiert ein Anstieg der Filtrationsfraktion. Auch die Ausscheidung von Kreatinin, Harnsäure und Harnstoff nimmt zu, wodurch deren Plasmakonzentrationen erniedrigt werden. (verändert nach „Lehrbuch der Physiologie", 2001; „Human Physiology", 1994)

Geburt und Laktation

In den letzten Wochen vor der Geburt spüren viele Frauen Kontraktionen, so genannte Übungswehen. Die Gebärmutter bereitet sich in der Schwangerschaft auf die Geburt vor, es finden ständig Muskelkontraktionen statt, die man auch als Vorwehen, Stellwehen oder falsche Wehen bezeichnet. Sie bewirken noch keine oder nur eine geringe Öffnung des Muttermundes. Diese sorgen dafür, dass der Muttermund kürzer wird und sich bei den echten Wehen schneller öffnet. Eine Geburt wird von jeder Frau anders empfunden. Medizinisch betrachtet verläuft eine Geburt jedoch in drei Phasen: die Eröffnungsphase beginnt mit den ersten Geburtswehen[42]. Sie endet mit der vollständigen Eröffnung des Muttermundes. Die darauf folgende Austreibungsphase reicht vom Zeitpunkt der vollständigen Eröffnung des Muttermundes bis zur Geburt des Kindes. Die Nachgeburtsperiode beginnt mit der

---

[38] von 40% auf 33%
[39] von 135 g/l auf 115 g/l
[40] von 70 auf 85/min
[41] um 10%
[42] Wehen heißen Wehen, weil die Uteruskontraktionen bei der Geburt schmerzhaft sind.

Geburt des Kindes und endet mit dem Ausstoßen der Plazenta. Der Uterus muss am Ende der Schwangerschaft geburtsbereit sein. Das bedeutet eine erhöhte Erregbarkeit, die Fähigkeit zu koordinierter Kontraktion und eine große Kontraktionskraft. Es ist jedoch bis heute nicht geklärt, welche Faktoren die Geburt auslösen. Eine wichtige Rolle scheint dabei das in der Plazenta gebildete Hormon CRH[43] zu spielen. Es wird angenommen, dass nicht nur ein Hormon den Geburtsvorgang auslöst, sondern dass ein bestimmtes Konzentrationsverhältnis mehrerer Hormone und der Wachstumsdehnungsreiz des Kindes die Geburt einleiten. Zu den hormonellen Faktoren gehören unter anderem der zunehmende Östrogeneinfluss und der Anstieg der Prostaglandinkonzentration. Nach der Geburt beginnt die Milchproduktion (Laktation). Diese wird, wie das Austreiben der Milch, reflektorisch durch den Vorgang des Stillens gefördert.

Die Geburt

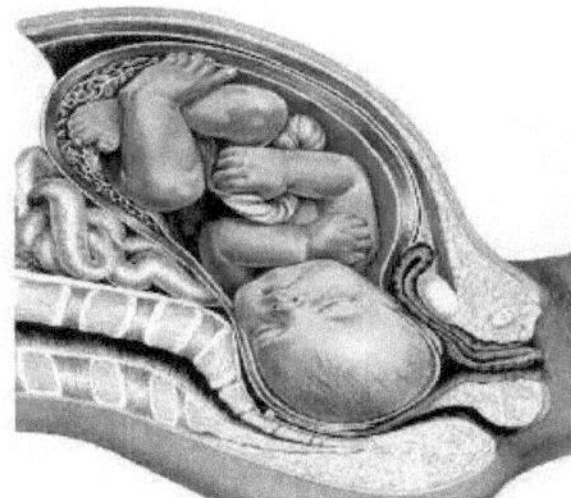
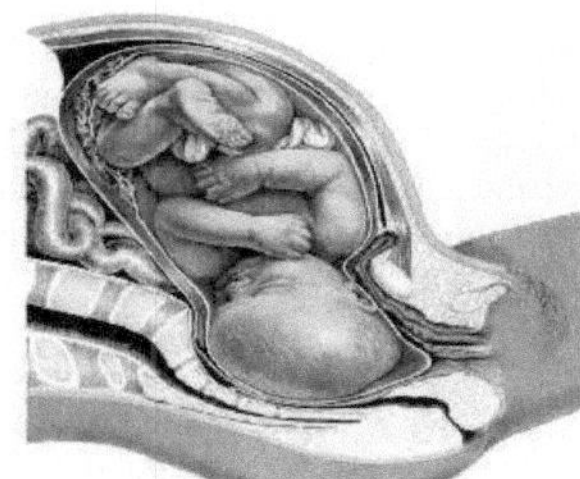

Abb. 10 a (links) und b (rechts): Der Kopf des Kindes beugt sich und dreht sich im Nacken, um tiefer in die runde Beckenhöhle eintreten zu können (Abb. 10 a). Auf seinem ganzen Weg vom Beckeneingang bis auf den Beckenbogen ist das kindliche Köpfchen gebeugt (Abb. 10 b). (www.frauenklinik.ch)

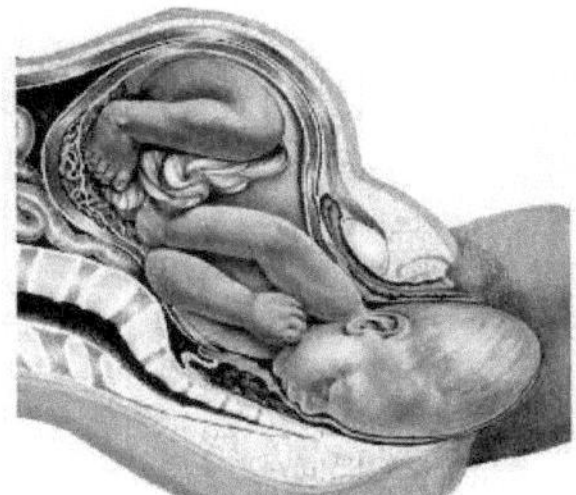
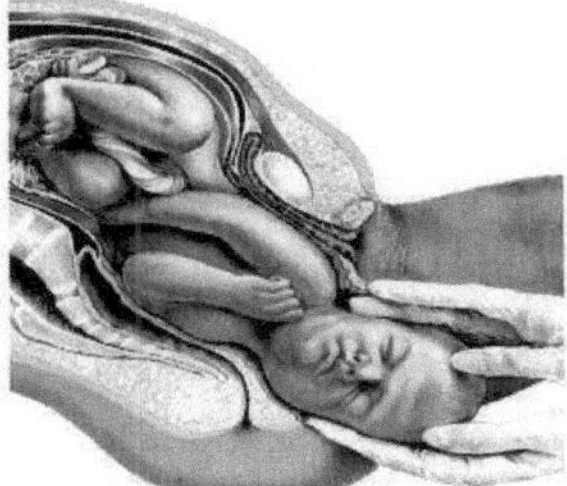

Abb. 10 c (links) und d (rechts): Bei Austritt aus dem Geburtskanal macht das kindliche Köpfchen um das Schambein eine Streckbewegung. So wird zunächst der Kopf geboren (Abb. 10 c). Um die Schultern und den kindlichen Körper zu gebären, dreht sich das kindliche Gesicht, die Augen sind entweder zum rechten oder linken Oberschenkel der Mutter gerichtet (Abb. 10 d). (www.frauenklinik.ch)

Um eine motorische Uterusaktivität zu entwickeln, werden in der Plazenta vermehrt Östrogene gebildet. Dies geschieht unter der Zunahme der Konzentration des fetalen Cortisols. Die Progesteronkonzentration sinkt, so dass die Hyperpolarisation der Uterusmuskeln abnimmt. Östrogene fördern die Synthese von Proteinen, die Gap Junctions[44] bilden. Es werden außerdem immer mehr Rezeptoren für Oxytocin und α-adrenerge Hormone gebildet. Der Uterus wird somit empfindlicher gegenüber diesen Hormonen. „Alle diese Veränderungen erhöhen die Erregbarkeit und die koordinierte Aktivität der Muskulatur." („Lehrbuch der Physiologie", 2001) Die Kontraktionskraft des Uterus wird ebenfalls erhöht: Die Anzahl der Muskelzellen und deren Gehalt an Actomyosin, Ca^{2+}-ATPase, ATP und Phosphokreatinin nehmen unter der Östrogeninduktion zu. Dadurch, dass der Fetus an Volumen

---

[43] CRH: Corticoliberin
[44] Brücken zwischen den Muskelzellen; dienen der Erregungsweiterleitung

zunimmt und sich immer mehr bewegt, wird die Uterusmuskulatur gedehnt. Die Muskeln werden depolarisiert. So kommt es zu Kontraktionen, durch die der Kopf des Kindes gegen die Zervix[45] gedrückt wird. Diese Bewegung wiederum reizt Dehnungsrezeptoren, deren Impulse zum Hypothalamus gelangen. Dadurch wird Oxytocin aus dem Hypophysenhinterlappen freigesetzt, welches die Uterusmuskulatur stoßartig erregt. Zusätzlich stimuliert Oxytocin die Synthese von Prostaglandinen. Diese aktivieren die Muskulatur zusätzlich und können auch unter dem Einfluss der Östrogene gebildet werden. So ist eine Geburt auch ohne Oxytocin möglich[46].

„Alle Uterusmuskelzellen können spontan aktiv sein." („Lehrbuch der Physiologie", 2001) Die spontan aktiven Zellen, bei denen die Erregungsschwelle am schnellsten erreicht ist, haben die Schrittmacherfunktion für den ganzen Uterus inne. Normalerweise befindet sich ein Erregungszentrum im Fundusbereich. Von dort breiten sich Erregungen und Kontraktionen zur Zervix hin aus[47]. Ein Schrittmacher muss vorhanden sein, da es sonst zum Uterusflimmern kommen kann. Dies sind unkoordinierte Kontraktionen, die der Geburt nicht dienlich sind. Lokal begrenzte Kontraktionen treten in der zweiten Hälfte der Schwangerschaft auf. Ab der 35. Woche hat sich die Weiterleitung der Erregungen verbessert, so dass sich größere Teile des Uterus kontrahieren. Bis zur Geburt häufen und verstärken sich die Kontraktionen. Die so genannten Vorwehen treten im Abstand von 10 - 20 Minuten auf. Sie dauern jeweils ein bis zwei Minuten. Durch die Vorwehen wird ein intrauteriner Druck von 20 mmHg aufgebaut. Zu Beginn der Eröffnungsphase zieht sich der Uterus etwa dreimal in 10 Minuten zusammen. Der intrauterine Druck beträgt dabei 30 - 50 mmHg. Diese Wehen bezeichnet man als Eröffnungswehen. Der Kopf des Kindes wird dabei gegen die Zervix gedrückt, so dass diese sich über den kindlichen Kopf stülpt. Dadurch kann sich der Zervixkanal langsam öffnen. Am Ende der Eröffnungsphase reißt die Fruchtblase ein. Das Fruchtwasser geht dann ab. Bei Erstgebärenden dauert die Eröffnungsperiode 8 - 12 Stunden, bei späteren Geburten ist sie meistens kürzer. Mit der vollständigen Eröffnung des Muttermundes beginnt die Austreibungsperiode. Durch die Dehnung der Zervix wird über sensorische Afferenzen mehr Oxytocin freigesetzt[48]. Auch die Bauchmuskulatur und das Zwerchfell werden nun innerviert. So können die Uteruskontraktionen durch reflektorische Pressmotorik unterstützt werden. Diese kann die Mutter willkürlich fördern. Während der Presswehen steigt der intrauterine Druck auf 40 - 80 mmHg an. Die Wehen treten vier- bis fünfmal in 10 Minuten auf. Nach etwa 50 Minuten ist die Austreibungsperiode vorüber. Bei Mehrgebärenden ist sie kürzer.
In der anschließenden Nachgeburtsperiode ist zunächst nur noch die Plazenta im Uterus verblieben. Durch die Geburt hat sich der Uterusinhalt um 85% verringert. Durch die abnehmende Wehenfrequenz entsteht ein intrauteriner Druck von 250 - 300 mmHg. Die Kontraktionen in der Nachgeburtsperiode bewirken die Verkleinerung der Wandflächen und das Ablösen der Plazenta. Die Plazenta wird etwa 5 - 10 Minuten nach der Geburt des Kindes ausgestoßen. Sehr wichtig ist die Überprüfung der Plazenta auf Vollständigkeit, da in der Gebärmutter verbliebene Reste zu schweren Blutungen und Infektionen führen können. Anschließend verringert sich die Uterusaktivität. Zwölf Stunden nach der Geburt tritt jedoch noch etwa alle 10 Minuten eine Wehe auf. In ungefähr vier Wochen verkleinert sich die Uterusmasse auf das Maß vor der Schwangerschaft. (verändert nach „Lehrbuch der Physiologie", 2001; „Physiologie", 1995; „Human Physiology", 1994; „Ärztlicher Ratgeber für werdende und junge Eltern", 2005; www.gyn.de)

Milchproduktion (Laktation)

Während der Schwangerschaft haben sich durch verschiedene Hormone das alveoläre Gewebe und das Gangsystem der Brustdrüse entwickelt. Durch Östrogene und Progesteron wird die Milchsekretion vor der Geburt gehemmt. Nach der Geburt wird zunächst das so genannte Kolostrum (Vormilch) gebildet. Es handelt sich dabei um ein fettarmes Sekret, das besonders reich an Eiweiß, Mineralstoffen und Immunstoffen ist. Es wird in geringen Mengen produziert. Anschließend fördert Prolactin die Produktion der Milch. Zwei bis fünf Tage nach der Geburt wird die Muttermilch in ausreichender Menge gebildet. Bei Müttern, die nicht stillen, fällt der Prolactinspiegel schnell ab, so dass die

---

[45] Die Zervix (auch Cervix uteri) ist der Gebärmutterhals, also der untere Teil der Gebärmutter, der die Öffnung zur Scheide, den Muttermund, enthält.
[46] bei Frauen mit Unterbrechung der Rückenmarksbahnen oder Störung der Neurohypophyse
[47] mit einer Geschwindigkeit von ca. 2 cm/s
[48] der so genannte Ferguson-Reflex

Milchproduktion eingestellt wird. Ein neurohormonaler Reflex dient der Erhaltung der Milchbildung. Beim Stillen werden die Brustwarzen mechanisch gereizt, was reflektorisch im Hypothalamus dazu führt, dass Dopamin und PIH[49] vermindert ausgeschüttet werden. Bei Frauen, die nicht stillen, hemmt PIH die Bildung und Ausschüttung von Prolactin. Außerdem wird wahrscheinlich TRH[50] im Hypothalamus freigesetzt. Dieses Hormon fördert die Abgabe von Prolactin. Nach dem Beenden eines Stillvorgangs fällt der Prolactinspiegel ab. Mit jedem Stillen erhöht sich die Konzentration von Prolactin um das 10fache. So wird die Milchproduktion für das folgende Stillen angetrieben. Zudem wird Oxytocin freigesetzt. Es fördert die Milchejektion durch Kontraktionen der Milchgänge. Durch Oxytocin kommt es auch zu weiteren Kontraktionen des Uterus. Diese sind nützlich, da sie die Ausscheidung des Sekrets, das beim Abbau der Uterusmasse entsteht[51], fördern. Die Freisetzung von GnRH[52] wird durch Prolactin und Oxytocin gehemmt, so dass bei fast jeder zweiten stillenden Frau der normale Zyklus fehlt. (verändert nach „Lehrbuch der Physiologie", 2001; www.gesundheit.de; „Ärztlicher Ratgeber für werdende und junge Eltern", 2005; „Physiologie", 1995)

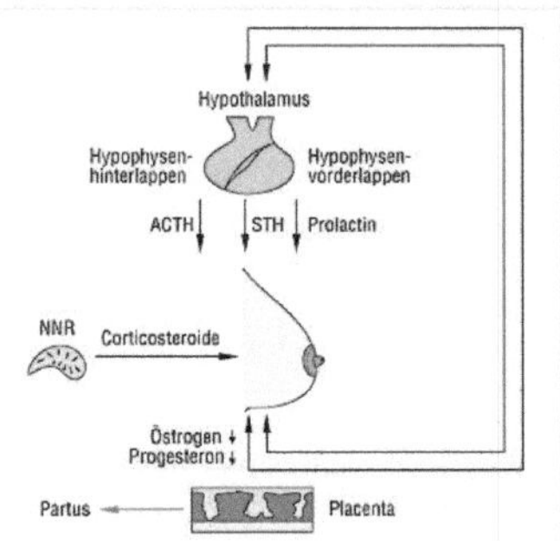

Abb. 11: Faktoren der Laktogenese (www.gesundheit.de)

Anpassung des Neugeborenen an die Umwelt

Die wichtigste Anpassung des Neugeborenen an die Umwelt ist die Umstellung des Kreislaufs. Da das Kind nach der Abnabelung von der Mutter seine Lungen zum atmen benutzen muss, ist es notwendig, dass diese nun in den Kreislauf einbezogen werden.

Atmung

Durch die Geburt werden beim Neugeborenen eine Hypoxie, ein Anstieg des P_{CO2} und eine metabolische Azidose ausgelöst. Sowohl diese Faktoren als auch Kältereize der Haut beim Übertritt vom Mutterleib in die kältere Außenwelt sind starke Atemantriebe. Die Atmung setzt bereits wenige Sekunden nach der Geburt ein. Die Alveolen des Kindes sind zunächst zum Großteil kollabiert, da sie wie die Bronchien Flüssigkeit enthalten. Das erste tiefe Einatmen des Neugeborenen führt zu einem großen negativen Druck im Thorax. Es gelangt Luft in die Alveolen. Beim anschließenden Ausatmen wird ein vollständiges Kollabieren der Alveolen durch Surfactant verhindert. Die Flüssigkeit wird aus der kindlichen Lunge ausgestoßen, da der Lungendruck exspiratorisch deutlich über den Außendruck ansteigt. Zunächst ist die Ventilationsarbeit sehr groß. In der ersten halben Stunde nach der Geburt stellt sich die Atmung auf einen konstanten Wert von etwa 40 Atemzügen pro Minute ein. Dies ist fast das Dreifache der Frequenz eines Erwachsenen. Bei mangelhafter Bildung von Surfactant treten Atemstörungen des Neugeborenen auf. Die Lungenentfaltung erfordert dann erheblich mehr Kraft. Dies

---

[49] PIH: Prolactin-Inhibiting-Hormon
[50] TRH: thyreotropin-releasing hormone
[51] Lochien bzw. „Wochenfluss"
[52] GnRH: gonadotropin-releasing hormone

tritt bei Frühgeborenen häufiger auf als bei vollständig ausgereiften Kindern. Betroffene Kinder müssen maschinell beatmet werden. (verändert nach „Physiologie", 1995; „Lehrbuch der Physiologie", 2001)

Herz und Kreislauf

Der Lungen- und der Körperkreislauf werden nach der Geburt hintereinander geschaltet. Die großen Kurzschlüsse[53], das Foramen ovale und der Ductus arteriosus Botalli[54] werden dann verschlossen. Dies geschieht unter anderem durch die Verdopplung des Strömungswiderstands im Körperkreislauf, da die Plazentastrombahn wegfällt. Der Druck in der linken Kammer und im linken Vorhof steigt an. Gleichzeitig nehmen Widerstand und Druck in der Lungenstrombahn ab, weil die Lungenkapillaren eröffnet werden. Dadurch kehrt sich der Druckgradient in den Vorhöfen um. Ein Septum verschließt das Foramen ovale, so dass kein Blut vom linken in den rechten Vorhof strömen kann. In der Aorta gibt es einen Druckanstieg. Die Stromrichtung im Ductus arteriosus kehrt sich um, so dass er nun von sauerstoffreicherem Blut durchströmt wird. Der Ductus arteriosus wird innerhalb des ersten Lebensmonats des Kindes verschlossen. (verändert nach „Lehrbuch der Physiologie", 2001; „Physiologie", 1995; „Human Physiology", 1994)

Verdauung

Am besten kann das Neugeborene Kohlenhydrate und Proteine verdauen. Die dafür notwendigen Enzyme sind in großer Anzahl vorhanden. Zum Teil können Proteine auch unverändert resorbiert werden. Die Fettverdauung funktioniert bei Neugeborenen noch nicht so gut, da nicht genügend Gallensäuren vorhanden sind. Aus diesem Grund kann das Kind die Muttermilch am besten verwerten (siehe Tab. 1). Die fettreichere Kuhmilch muss vor dem Füttern mit Wasser verdünnt werden[55]. Ein weiterer Grund, warum Neugeborene die Kuhmilch nicht so gut vertragen, ist der hohe Gehalt an schwerverdaulichen Caseinen, durch die starker Durchfall verursacht werden kann. (verändert nach „Lehrbuch der Physiologie", 2001; dc2.uni-bielefeld.de)

Tab. 1: Unterschiede in der Zusammensetzung von Muttermilch und Kuhmilch (verändert nach dc2.uni-bielefeld.de)

	Trockensubstanz	Fett	Gesamteiweiß	Casein	Molkenproteine	Lactose	Asche
Mensch	12,4%	3,8%	1,0%	0,4%	0,6%	7,0%	0,2%
Kuh	13,0%	4,0%	3,4%	2,8%	0,6%	4,8%	0,7%

Wasserhaushalt

Am Körpergewicht des Säuglings ist das Wasser mit beinahe 80% beteiligt. Der Wasseranteil am Gewicht liegt bei Erwachsenen bei etwa 60%. Ein Neugeborenes wiegt etwa 3500 g. Davon sind ungefähr 2,8 l Wasser. Im intra- und extrazellulären Raum befinden sich davon jeweils 1,4 l. Die Nieren des Neugeborenen scheiden nur gering konzentrierten Harn aus. Der tägliche Wasserumsatz beträgt daher 0,6 l (etwa 21% des Körperwassers). Erwachsene hingegen setzen täglich unter normalen Bedingungen nur 5 – 6% ihres Körperwassers um. Dadurch wird deutlich, dass das Neugeborene leicht Störungen der Wasserbilanz ausgesetzt ist. (verändert nach „Lehrbuch der Physiologie", 2001)

Thermoregulation

Nach der Geburt ist das Neugeborene noch nicht zu einer ausreichenden Temperaturregulation fähig. Eine Auskühlungsgefahr ist beim Säugling nicht nur aus diesem Grund größer, sondern auch wegen seiner im Vergleich zum Erwachsenen dreimal größeren Oberfläche pro Körpergewicht. (verändert nach „Physiologie", 1995)

---

[53] Shunts

[54] nach etwa einer Woche; dann bestehen praktisch die Kreislaufverhältnisse eines Erwachsenen.

[55] Die so genannte 2/3-Milch

Abschließende Bemerkungen

Das Thema für diese Hausarbeit habe ich mir ausgesucht, weil es mich schon immer fasziniert hat, wie ein neues Lebewesen entsteht. Ich habe unter anderem die Schwangerschaften der beiden Schwestern meines Freundes miterlebt. Die Erlebnisse und Gefühle während der Schwangerschaft aus Sicht der beiden Mütter konnte ich leider nicht mit in diese Arbeit einbeziehen, weil das den Umfang der Arbeit gesprengt hätte. Auf viele weitere, interessante Themen konnte ich ebenfalls nicht eingehen. Unter anderem hätte ich gerne etwas über die Schwangerschaftsdiagnostik geschrieben, da die Methoden in diesem Bereich heutzutage so vielfältig sind. Andere interessante Aspekte sind Komplikationen in der Schwangerschaft, Krankheiten der Mutter und des Ungeborenen sowie Alkohol- und Drogenmissbrauch während der Schwangerschaft. Weiterhin hätte ich auf die Themen Mehrlingsgeburt und Ernährung in der Schwangerschaft eingehen können. Die Möglichkeiten sind nahezu unerschöpflich.
Obwohl ich mich nun einige Zeit intensiv mit den physiologischen Vorgängen der Schwangerschaft und der Geburt beschäftigt habe, bleibt die Entstehung eines kleinen Menschen für mich ein großes Wunder...

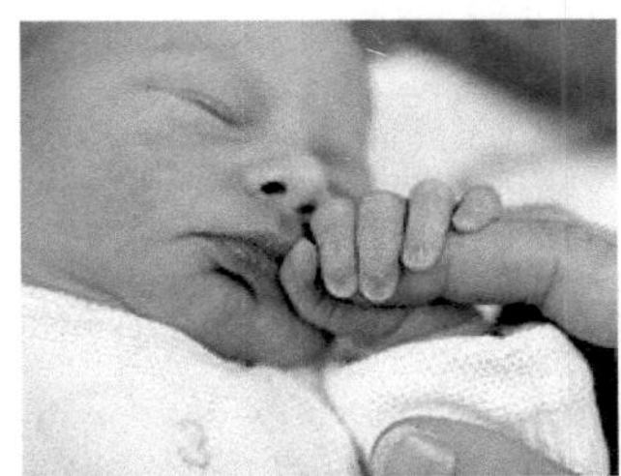

Abb. 12: Neugeborenes (www.mutterhaus.de)

Literatur

- Joachim Dudenhausen (3/2005), „Ärztlicher Ratgeber für werdende und junge Eltern", 124., neu bearbeitete Auflage, Wort & Bild Verlag Konradshöhe GmbH & Co. KG
- Rainer Klinke, Stefan Silbernagl (2001), „Lehrbuch der Physiologie", 3., vollständig überarbeitete Auflage, Thieme, Stuttgart
- R. M. Case, J. M. Waterhouse (1994), „Human Physiology", 2. Auflage, Oxford University Press Inc., New York
- Heinz Bartels, Rut Bartels (1995), „Physiologie", 5. Auflage, Urban & Schwarzenberg, München
- Gerhard Thews, Peter Vaupel (1997), „Vegetative Physiologie", 3. Auflage, Springer, Berlin
- http://www.ruhr-uni-bochum.de/frauenklinik/scripte/physiologie.pdf, 13.11.2005
- http://www.gyn.de/schwangerschaft/entw_embryo.php3, 14.11.2005
- http://www.frauenklinik.ch/001kab_050501_de.htm, 3.12.2005
- http://www.embryology.ch/allemand/fplacenta/physio03.html, 15.12.2005
- http://www.merian.fr.bw.schule.de/mueller/Schueler/Fuchs/schwangerschaft.htm, 15.12.2005
- http://de.wikipedia.org/wiki/Corona_radiata, 10.1.2006
- http://www.vespa-crabro.de/stachel.htm, 10.1.2006
- http://de.wikipedia.org/wiki/Zona_pellucida, 11.1.2006
- http://www.9monate.de/Fehlgeburten.html, 12.1.2006
- http://www.unet.univie.ac.at/~a0305128/medweb/files/block2/Fetus.pdf, 14.1.2006
- http://www.medizinfo.de/endokrinologie/hormone.htm, 14.1.2006
- http://www.gesundheit.de/roche/index.html?c=http://www.gesundheit.de/roche/ro20000/r20996.002.html, 18.1.2006
- http://www.medizinfo.de/kinder/bauchschmerzen/obstipation.htm, 19.1.2006
- http://de.wikipedia.org/wiki/Surfactant, 19.1.2006
- http://de.wikipedia.org/wiki/Mekonium, 19.1.2006
- http://www.kinderherzzentrum-kiel.de/html/fetaler_kreislauf.html, 21.1.2006
- http://www.uniklinikum-giessen.de/pneumologie/Laien_Aspiration.html, 21.1.2006
- http://www.aok.de/bund/tools/medicity/diagnose.php?icd=7185, 21.1.2006
- http://www.swissmom.ch/anzeige.php?docname=MEDGEBWOCHENBETTLOCHIEN, 21.1.2006
- http://www.gesundheit.de/roche/index.html?c=http://www.gesundheit.de/roche/ro20000/r21490.000.html, 23.1.2006
- http://dc2.uni-bielefeld.de/dc2/milch/mutter.htm, 24.1.2006
- http://www.mutterhaus.de/index.php?id=59, 24.1.2006